# BEI GRIN MACHT SICH IHR WISSEN BEZAHLT

- Wir veröffentlichen Ihre Hausarbeit,
  Bachelor- und Masterarbeit

- Ihr eigenes eBook und Buch -
  weltweit in allen wichtigen Shops

- Verdienen Sie an jedem Verkauf

Jetzt bei www.GRIN.com hochladen
und kostenlos publizieren

Darius Kirchbach

# Komplexe Leistung in der Physik. Fortschritte bei der Erfoschung des Weltalls

GRIN Verlag

**Bibliografische Information der Deutschen Nationalbibliothek:**

Die Deutsche Bibliothek verzeichnet diese Publikation in der Deutschen National-
bibliografie; detaillierte bibliografische Daten sind im Internet über http://dnb.d-
nb.de/ abrufbar.



**Impressum:**

Copyright © 2013 GRIN Verlag GmbH
Druck und Bindung: Books on Demand GmbH, Norderstedt Germany
ISBN: 978-3-656-75839-6

# Inhaltsverzeichnis

# 1. Zielsetzung

Das All ist mit seiner immensen Ausdehnung, die die menschliche Vorstellungskraft bei Weitem überragt und seinen unkontrollierbaren Vorgängen ein Ort der vom Menschen wahrscheinlich nie vollständig erfasst werden kann. Es bietet zahlreiche Möglichkeiten für die Entfaltung der menschlichen Intelligenz und Neugier. Allein aus diesen Gründen macht es die Forschung auf diesem Gebiet so spannend, aber auf zukunftsrelevant. Das Wachstum der Weltbevölkerung, sowie die steigende Nahrungs-, Wasser- und Ressourcennachfrage ist bald von der Erde allein nicht mehr deckbar. Hier bietet das All eine riesige Expansionfläche für den Menschen. Darum soll diese Arbeit fortschreitende Erkenntnisse dokumentieren und untersuchen, um einen Einblick in mögliche zukunftsfähige Technologien und Nutzungsmöglichkeiten des Alls bieten.

# 2. Aufbau des Alls und Strukturen

## 2.1 Das uns bekannte All (Bereich)

### 2.1.1 Aufbau und Struktur

Das von der Erde sichtbare Universum hat einen geschätzten Radius von 13,7 Milliarden Lichtjahren.[1] Zunächst haben wir die Erde, deren Position im Universum relativ bekannt ist. Man muss aber beachten, dass es keinen Punkt wie Mittelpunkt oder Rand gibt, von dem aus man die Lage der Erde bestimmen kann. Man muss die Erde selbst als Punkt der Beobachtung nehmen, denn sie ist logischerweise der Mittelpunkt des beobachteten Alls. Der beobachtete Raum ist in jede Richtung auf gleicher Distanz abgegrenzt was das beobachtete All zu einer Sphäre um die Erde macht. Die Sichtdistanz ist aufgrund der stetigen Ausbreitung des Universums begrenzt, da das Licht aus dem nicht beobachtbaren Teil erst zur Erde durchdringen muss, damit dieser Teil für uns sichtbar wird. Anhand von Strukturen lässt sich die Erde dennoch lokalisieren, so kennt man beispielsweise die Lage im Sonnensystem und dessen Lage in unserer Galaxie, also die Position im beobachteten All, aber die Lage aus der herabschauenden Perspektive auf das gesamte Universum ist folglich

---

[1] Vgl. Wambsganß, Joachim, u.a.: Universum für alle: 70 spannende Fragen und kurzweilige Antworten. S. 119

nicht bekannt.[1] Die nächstgrößere nennenswerte Struktur ist unser Sonnensystem, dass sich aus einem Zentralstern (der Sonne), Planeten, denen auch die Erde angehört, Zwergplaneten, sonstiger Kleinkörper und den gesamten restlichen Gasen und Teilchen besteht. Unser Sonnensystem liegt in der Milchstraße, unserer Heimatgalaxie, die aus annähernd 200 Milliarden Sternen besteht. Das Sonnensystem liegt auf dem Spiralarm Orion der Milchstraße.[2] Die Spiralarme und ihre Sternensysteme kreisen alle um ein gemeinsames Zentrum und bilden die Milchstraße mit einem Druchmesser von rund 100.000 Lichtjahren. Im Zentrum der Milchstraße befindet sich ein riesiges schwarzes Loch mir dem Namen Sagittarius A*.[3] Innerhalb einer Galaxie lassen sich Sterne in Sternenhaufen gliedern.[4] Galaxien können viele verschiedene Größen und Formen annehmen.[5] Beispielsweise ist die Milchstraße spiralförmig.[2] Weitere vorkommende Formen sind Spiralen, Ellipsen und unregelmäßige Formen.[4] Unsere Milchstraße ist Teil des Galaxienhaufens Lokale Gruppe. Galaxienhaufen lassen sich wiederum in Superhaufen kategorisieren, wobei die Lokale Gruppe zum Virgo-Superhaufen gehört.[6] Mehrere solcher Superhaufen bilden das von uns beobachtbare All.

## 3. Ziele der Forschung

### 3.1 Suche nach ausserirdischem Leben

Dem Menschen sind bis heute keine extraterrestrischen Lebensformen bekannt. Die Suche nach außerirdischem Leben jedoch gestaltet sich als äußerst schwierig, da der Mensch hierbei nur auf Weltraumteleskope (zum Beispiel das Hubble-Weltraumteleskop) und Radioteleskope (zum Beispiel im Rahmen des SETI-Projekts) zurückgreifen kann. Die Suche beschränkt sich vor allem auf erdähnliche Exoplaneten (Planeten außerhalb unseres Sonnensystems), wobei auf verschiedene Faktoren geachtet wird. Zum einen braucht ein Planet der Leben ermöglicht einen ähnlichen Abstand zu seinem Zentralstern wie die Erde

---

[1] Vgl. Wikipedia, Die freie Enzyklopädie.
http://de.wikipedia.org/w/index.php?title=Position_der_Erde_im_Universum&oldid=114424688 (abgerufen am 10.03.2013)
[2] Siehe Anhang: Abbildung 1
[3] Vgl. Minkel, J.R.: Weltall für Eierköpfe: Wissenschaft in 60 Sekunden. S. 160 f.
[4] Vgl. Minkel, J.R.: Weltall für Eierköpfe: Wissenschaft in 60 Sekunden. S. 162
[5] Vgl. Minkel, J.R.: Weltall für Eierköpfe: Wissenschaft in 60 Sekunden. S. 164
[6] Vgl. Minkel, J.R.: Weltall für Eierköpfe: Wissenschaft in 60 Sekunden. S. 168 f.

zur Sonne, was vor allem zu einer gemäßigten Temperatur auf der Oberfläche führen soll, die flüssiges Wasser ermöglicht. Außerdem spielen die chemische Zusammensetzung und eine vorhandene Atmosphäre, möglichst aus Sauerstoff, eine tragende Rolle zur Entwicklung von Leben.[1] Durch eine Spektral-Analyse ist man in der Lage zu bestimmen, ob es auf einem Planet Wasser, Kohlenstoffdioxid und Sauerstoff gibt. Dazu wird das von einem Planeten ausgesendete Licht gespalten und anhand der Intensität der verschiedenen empfangenen Frequenzen lässt sich bestimmen, ob und wie viel der Stoffe in der Atmosphäre vorkommen.[2] Der Nachweis von Sauerstoff ist ein sicheres Zeichen von Leben, da er als Element sehr leicht Verbindungen eingeht und er daher ständig nachproduziert (z.B. Fotosynthese) werden muss. Sobald ein Planet, der diese Bedingungen erfüllt, gefunden werden würde, könnte man von der Erde aus mithilfe verschiedener Verfahren bestimmen, ob der Planet eventuell Leben trägt. Beispielsweise verfügt man über die Fähigkeit „[...] fotosynthetisches Leben auf anderen Planeten, also außerirdische Pflanzen, (zu) entdecken, indem [...] nach der Absorbierung oder Reflexion charakteristischer Farben Ausschau (ge)halten"[3] wird. Dennoch ist es wichtig zu wissen, dass alle Erkenntnisse und Werte aus einer Untersuchung eines solchen Planeten das Abbild des Planeten aus der Vergangenheit darstellen, denn das Licht trifft durch die weite Distanz erst nach Millionen von Jahren bei uns ein. Es ist mehr als wahrscheinlich, dass der Planet in einer solchen Form, wie er analysiert wurde, gar nicht mehr existiert.[4] Um noch detailliertere Aufnahmen zu bekommen, wird das in die Jahre gekommen Hubble-Weltraumteleskop voraussichtlich 2018 durch das modernere James-Webb-Weltraumteleskop ersetzt, welches ausgestattet mit der leistungsfähigsten Infrarotkamera selbst durch dichte kosmische Wolken blicken kann und somit die Geburt von Sternen und Planeten bis ins Detail beobachtbar macht.[5] Teleskope zählen bei der Weltraumsforschung zu den wichtigsen Werkzeugen und daher ist diese, sowie weitere Investitionen in Observierungsgeräte dieser Klasse, unumgänglich.

---

[1] Vgl. Wambsganß, Joachim, u.a.: Universum für alle: 70 spannende Fragen und kurzweilige Antworten. S. 9
[2] Vgl. Wambsganß, Joachim, u.a.: Universum für alle: 70 spannende Fragen und kurzweilige Antworten. S. 404 f.
[3] Minkel, J.R: Weltall für Eierköpfe: Wissenschaft in 60 Sekunden. S. 219
[4] Vgl. Wambsganß, Joachim, u.a.: Universum für alle: 70 spannende Fragen und kurzweilige Antworten. S. 405
[5] Vgl. o. V.: Nasa baut "Hubble"-Nachfolger. http://www.n-tv.de/wissen/Nasa-baut-Hubble-Nachfolger-article6362241.html (abgerufen am 08.03.2013)

## 3.2 Erreichen und Kolonialisierung fremder Planeten

Das Erreichen von Exoplaneten wird dem Menschen in absehbarer Zeit durch das Fehlen der benötigten Technologie verwehrt bleiben. Auch die äußeren Planeten unseres Sonnensystems sind derzeit durch die heutige Raumsfahrttechnik nicht erreichbar. Unsere Nachbarplaneten sind jedoch in der Reichweite von Raumschiffen und Raketen. Vor allem der Mond und der Mars sind als mögliche Kolonie in Betracht zu ziehen, da sie den Vorteil haben, dass sie relativ nah an der Erde liegen und eine nicht allzu lebensfeindliche Oberfläche besitzen wie beispielsweise die Venus, auf der es bekannterweise zu heiß für einen Menschen und die lebensnotwenige Technik ist. Da bemannte Flüge durch das mitgeführte Proviant (Gewicht) und die erhöhten Notfallsysteme (Kosten) sehr viel teurer als unbemannte, sind eventuelle Kolonialisierungsprojekte vor allem für Privatleute interessanter als für staatliche Weltraumagenturen. Dennoch hat die NASA Pläne um 2020 eine bemannte Mondstation am Südpol des Mondes aufzubauen, welche ab 2024 voll ausgebaut und im Dauerbetrieb sein soll.[1] Vor allem soll eine Mondbasis als Forschungsstation dienen und eine Zwischenstation für weiter entfernte Ziele im Weltraum sein, wie zum Beispiel der Mars. Ein solcher Raumschiffhafen kann als Außenposten Raumschiffe mit Treibstoff und Nahrungsmitteln, sowie anderem Notwendigen versorgen und die geringe Mondgravitation nimmt weniger Treibstoff für einen Raketenstart in Anspruch, was die Treibstoffeffizienz und Reichweiten für Missionen erhöht.[2] Somit ist eine Marsmission mitunter besser realisierbar und auch eine Plattform geschaffen, die als Ausgangspunkt für weiterführende Projekt dient.


## 3.3 Erschließung neuer Ressourcen

### 3.3.1 Mond

Neben Forschungszwecken stellt auch die wirtschaftliche Nutzung des Alls ein zunehmend wichtiger werdendes Nutzungsfeld dar, denn wichtige Ressourcen werden auf der Erde in Zukunft immer knapper. Daher ist die Förderung verschiedener seltener Metalle und anderer Bodenschätze denkbar. Auch auf dem Mond ist eine solche wirtschaftliche Nutzung

---

[1] Vgl. Kaufmann, Marc: NASA Plans Lunar Outpost. http://www.washingtonpost.com/wp-dyn/content/article/2006/12/04/AR2006120400837.html (abgerufen am 08.03.2013)
[2] Vgl. o. V.: Helium-3, die Energiequelle vom Mond. http://www.abendblatt.de/ratgeber/wissen/forschung/article465779/Helium-3-die-Energiequelle-vom-Mond.html (abgerufen am 09.03.2013)

in Zukunft machbar. Interessant ist hier das Vorkommen von dem Gas Helium-3 was die Energiegewinnung auf der Erde sehr viel effizienter machen wird, da dieses Isotop ein Neutron weniger besitzt als normales Helium. Der Vorteil einer Heliumfusion zur wesentlich energieträchtigeren Wasserstofffusion ist die weniger starke Belastung durch radioaktive Kontaminierung. Das freigesetzte Proton bei der Heliumfusion lässt sich, im Gegensatz zum hoch radioaktiven Abfallprodukt von hochenergetischen Neutronen bei der Wasserstofffusion, zur zusätzlichen Energiegewinnung nutzen. Weil der Mond seit Jahrmilliarden von der Sonne mit Helium-3 bestrahlt wird, da er kein schützendes Magnetfeld wie die Erde besitzt, konnte es sich im Mondgestein an der Oberfläche in großen Mengen ablagern. Auch andere Bodenschätze liegen durch die regelrechte Bombardierung des Mondes durch Meteoriten auf dessen Oberfläche, wie zum Beispiel Nickel, Eisen, Aluminium und Titan. Auch Sauerstoff kann an diesen Metallen gebunden sein, sodass eine mögliche Mondkolonie sich eigens mit Rohstoffen versorgen kann. Auch Silizium kommt auf dem Mond in großen Massen vor, das zur Herstellung von Solarzellen benutzt die eigenständige Energieversorgung sicherstellen kann.[1]


### 3.3.2 Asteroiden


Mehrere private Unternehmen forschen am wirtschaftlichen Ausbeuten von Asteroiden, denn auf diesen finden sich enorme Vorkommen an seltenen Metallen, mitunter auch Platin. Auch wenn die Realisierung solcher utopischer Unternehmungen noch in weiter Ferne sind, sind sich einige Forscher über die zukünftige Notwenigkeit von außerirdischen Ressourcen sicher. [2]

---

[1] Vgl. o. V.: Helium-3, die Energiequelle vom Mond.
http://www.abendblatt.de/ratgeber/wissen/forschung/article465779/Helium-3-die-Energiequelle-vom-Mond.html Letzter Zugriff: 09.03.2013, 15.58 Uhr
[2] Jahn, Thomas: Asteroiden Aufgepasst!. http://www.handelsblatt.com/technologie/forschung-medizin/forschung-innovation/kommerzielle-ausbeutung-asteroiden-aufgepasst/6551216.html (abgerufen am 09.03.2013)

# 4. Laufende Projekte

## 4.1 Mars Science Laboratoy

Mars Science Laboratory (kurz: MSL) ist ein von der NASA geleitetes Projekt, das eine Langzeituntersuchung des Planeten Mars auf Bewohnbarkeit zum Ziel hat. Hierfür wird der eigens für das Projekt konstruierte Rover Curiostiy verwendet, der mit verschiedenen Instrumenten vielseitige Untersuchungen vornimmt. Dabei werden vor allem Boden- und Gesteinsproben auf deren Struktur und chemische Zusammensetzung analysiert, um auf die klimatischen und geologischen Begebenheiten zu schließen und eventuelle Mikroben zu erkennen, aber auch Strahlungen und die Atmosphäre werden untersucht. Außerdem sollen weitere Erkenntnisse über die Vergangenheit des Planeten durch die oben genannten Untersuchungen zusammengestellt werden und eine bemannte Mission durch Strahlungsmessung vorbereite. Der Rover ist für diese Aufgaben mit der größten Anzahl an modernen Instrumenten, die jemals auf den Mars geschickt wurden, ausgerüstet.[1] Durch seine radioaktive Energieversorgung hat er eine effektive Lebensspanne von fast 2 Jahren.[2] Die drei verschiedenen Kameras, die der Rover mit sich führt, sorgen für ein optimales Einsatzbild: Die Hauptkamera, welche um 360 Grad rotierbar ist, fertigt Farbfotoaufnahmen sowie Videos an, die für den Rundumblick, sowie die autonome Steuerung gebraucht werden.[3] Eine weitere Kamera am Arm des Roboters ermöglicht flexible Detailaufnahmen, um beispielsweise bestimmte Bodenstrukturen zu analysieren.[4] Die dritte nach unten gerichtete Kamera kam bei der Landung des Roboters zum Einsatz, um der Bodenkontrolle einen herabblickenden Überblick über den Landeplatz zu geben und den daraus resultierenden weiteren Missionsverlauf planbar zu machen. Das hochauflösende Video bekam die Bodenkontrolle nie in Echtzeit zu sehen, da es erst nach der erflogreichen

---

[1] Vgl. Jet Propulsion Laboratory, NASA: Overview. http://mars.jpl.nasa.gov/msl/mission/overview/ (abgerufen am 09.03.2013)

[2] Vgl. Jet Propulsion Laboratory, NASA: Power.
http://mars.jpl.nasa.gov/msl/mission/technology/technologiesofbroadbenefit/power/ (abgerufen am 09.03.2013)

[3] Vgl. Jet Propulsion Laboratory, NASA: Mast Camera (Mastcam).
http://mars.jpl.nasa.gov/msl/mission/instruments/cameras/mastcam/ (abgerufen am 09.03.2013)

[4] Vgl. Jet Propulsion Laboratory, NASA: Mars Hand Lens Imager (MAHLI).
http://mars.jpl.nasa.gov/msl/mission/instruments/cameras/mahli/ (abgerufen am 09.03.2013)

Landung zur Erde geschickt wurde.[1] Desweiteren besitzt der Rover mehrere Spektrometer, die detailreiche Analysen zu atomaren Bestandteilen, Mineralien und Mikrostrukturen aus der Nähe und Distanz ermöglichen[2] und Sensoren zur Analysierung der Atmosphäre, die bei der Landung eingesetzt wurden. Gemessene Werte werden zur Berechnung der Dicke von Hitzeschilden und des Landungswegs zukünftiger Marsmissionen verwendet.[3]


## 4.2 Hubble-Weltraumteleskop

## 4.2.1  Technik


Das Hubble-Weltraumteleskop ist eine der wichtigsten Observationsmöglichkeiten des Alls, die es gibt. Da es ein Weltraumteleskop ist, werden die Bilder nicht durch die Erdatmosphäre verfälscht und auch infrarote und ultraviolette Wellenlängen sind empfangbar, die durch die Erdatmosphäre herausgefiltert werden. Seit seiner Inbetriebnahme durch NASA und ESA im Jahre 1990 sorgte es für die spektakulärsten Entdeckungen der Astronomie.[4] Es wurde nach Edwin Powell Hubble (1889-1953) benannt. Hochauflösende Aufnahmen, die bis in die weitesten beobachtbaren Tiefen des Weltalls gehen, werden durch den 2,4 Meter breiten Hauptspiegel, Kameras und mehrerer Spektrometer ermöglicht, die das gesamte Lichtspektrum erfassen. Da es in erdnahen Umlaufbahnen kreist, sind unvermeidliche Instandhaltungs- und Kallibrierungssverfahren durch Shuttle einfacher zu bewältigen. Es wird ausschließlich über Solarzellen mit Strom versorgt und durch mehrere Stabilisationselemente während der Observierung in Position gehalten. Es verfügt nicht über Raketendüsen zum Navigieren sondern muss von Space Shuttlen in die gewünschte Umlaufbahn geschoben werden.[5]

---

[1] Vgl: Jet Propulsion Laboratory, NASA: Mars Descent Imager (MARDI).
http://mars.jpl.nasa.gov/msl/mission/instruments/cameras/mardi/ (abgerufen am 09.03.2013)
[2] Vgl. Jet Propulsion Laboratory, NASA: Radiation Assessment Detector (RAD).
http://mars.jpl.nasa.gov/msl/mission/instruments/radiationdetectors/rad/ (abgerufen am 10.03.2013)
[3] Vgl. Jet Propulsion Laboratory, NASA: Mars Science Laboratory Entry Descent and Landing Instrument
(MEDLI). http://mars.jpl.nasa.gov/msl/mission/instruments/atmossensors/medli/ (abgerufen am 10.03.2013)
[4] Vgl. Hubble, ESA: About. http://www.spacetelescope.org/about/ (abgerufen am 10.03.2013)
[5] Vgl. Hubble, ESA: Fact Sheet. http://www.spacetelescope.org/about/general/fact_sheet/ (abgerufen am
10.03.2013)

## 4.2.2 Infrarot-Licht und Vorteile von Weltraumteleskopen

Infrarot-Licht hat eine große Wellenlänge (niedrige Frequenz) und wird durch die Erdatmosphäre weitestgehend gefiltert. Es ist nicht sehr energiereich und für das menschliche Auge nicht sichtbar. Kalte Objekte im All geben vor allem dieses Licht im niedrigen Frequenzbereich ab (lange Wellenlänge). Hier wird die Notwendigkeit eines Infrarot-Weltraumteleskops deutlich, denn ohne eine solche Observationsanlage wären kühle Sterne und Gas- und Staubwolken unsichtbar, da ihr Licht im zu niedrigen Frequenzbereich für normale Teleskope ist. Außerdem braucht man Infrarot-Teleskope, um durch Gas- und Staubwolken hindurchzusehen, denn diese Wolken filtern kurzwelliges Licht und macht somit dahinterliegende Sterne für Teleskope im sichtbaren Lichtbereich nicht erkennbar.[1]

Weltraumteleskope haben also den Vorteil, nicht durch die störende Erdatmosphäre hindurchblicken zu müssen, was sehr viel schärfere Bilder im gesamten Lichtspektrum erlaubt.

## 5. Fazit

Die Weltraumforschung ist für die Menschheit eine Notwendigkeit, um die Lebensbedingungen auf der Erde erheblich zu verbessern und hat genug Potenzial die Zukunft der Menschheit maßgeblich ins positive oder negative zu beeinflussen. Die zunehmende Privatisierung der Raumfahrt trägt meiner Meinung nach positiv zur Vorantreibung der Forschung auf diesem vielleicht unerschöpflichen Wissensgebiet bei.

---

[1] Vgl. Wambsganß, Joachim, u.a.: Universum für alle: 70 spannende Fragen und kurzweilige Antworten. S. 26 ff.

## Literaturverzeichnis

Hubble, ESA (o. J.): About. http://www.spacetelescope.org/about/general/fact_sheet/ (abgerufen am 10.03.2013)

(o. J.): Fact Sheet. http://www.spacetelescope.org/about/general/fact_sheet/ (abgerufen am 10.03.2013)

Jahn, Thomas (2012): Asteroiden aufgepasst!. http://www.handelsblatt.com/technologie/forschung-medizin/forschung-innovation/kommerzielle-ausbeutung-asteroiden-aufgepasst/6551216.html (abgerufen am 09.03.2013)

Jet Propulsion Laboratory, NASA (o. J.): Overview. http://mars.jpl.nasa.gov/msl/mission/overview/ (abgerufen am 09.03.2013)

(o. J.): Power. http://mars.jpl.nasa.gov/msl/mission/technology/technologiesofbroadbenefit/power/ (abgerufen am 09.03.2013)

(o. J.): Mast Camera (Mastcam). http://mars.jpl.nasa.gov/msl/mission/instruments/cameras/mastcam/ (abgerufen am 09.03.2013)

(o. J.): Mars Hand Lens Imager (MAHLI). http://mars.jpl.nasa.gov/msl/mission/instruments/cameras/mahli/ (abgerufen am 09.03.2013)

(o. J.): Mars Descent Imager (MARDI). http://mars.jpl.nasa.gov/msl/mission/instruments/cameras/mardi/ (abgerufen am 09.03.2013)

(o. J.): Radiation Assessment Detector (RAD). http://mars.jpl.nasa.gov/msl/mission/instruments/radiationdetectors/rad/ (abgerufen am 10.03.2013)

(o. J.): Mars Science Laboratory Entry Descent and Landing Instrument (MEDLI). http://mars.jpl.nasa.gov/msl/mission/instruments/atmossensors/medli/ (abgerufen am 10.03.2013)

Kaufmann, Marc (2006): NASA Plans Lunar Outpost. http://www.washingtonpost.com/wp-dyn/content/article/2006/12/04/AR2006120400837.html (abgerufen am 08.03.2013)

Minkel, J. R.: Weltall für Eierköpfe: Wissenschaft in 60 Sekunden. Rowohlt Taschenbuch Verag. Reinbeck bei Hamburg 2012.

o. V. (bei n-TV Online) (2012): Nasa baut "Hubble"-Nachfolger. http://www.n-tv.de/wissen/Nasa-baut-Hubble-Nachfolger-article6362241.html (abgerufen am 09.03.2013)

o. V. (bei Hamburger Abendblatt Online) (2007): Helium-3, die Energiequelle vom Mond. http://www.abendblatt.de/ratgeber/wissen/forschung/article465779/Helium-3-die-Energiequelle-vom-Mond.html (abgerufen am 09.03.2013)

Wambsganß, Joachim, u.a.: Universum für alle: 70 spannende Fragen und kurzweilige Antworten. Spektrum Akademischer Verlag. Heidelberg 2012.

Wikipedia, Die freie Enzyklopädie (2013): Position der Erde im Universum. http://de.wikipedia.org/w/index.php?title=Position_der_Erde_im_Universum&oldid=114424688 (abgerufen am 10.03.2013)